RAPPORT

DE LA

COMMISSION SYNDICALE DE LA SECTION A

DE LA

COMMUNE DE CENON-LA-BASTIDE.

Avenant le 19 Mai 1853, la Commission syndicale de la section A de la Commune de Cenon-la-Bastide s'est réunie chez M. Bras-Laffitte, et, sous sa présidence, elle a procédé à l'examen du procès-verbal d'enquête, des pièces y annexées et des pétitions faites ultérieurement, aux dires dudit procès-verbal.

Son premier devoir est de constater ici que la réception tardive dudit procès-verbal, ne lui a pas permis de se réunir le 15, par suite de l'absence, avant convocation, de quelques-uns de ses membres.

Appelée à donner son avis sur l'enquête, elle fournit à l'autorité supérieure cette opinion de la manière suivante :

M. le Commissaire-enquêteur a recueilli soixante-quatre déclarations. Le soin avec lequel il a insisté, pour s'assurer que le vœu émis par chaque déclarant était éclairé et sincère, lui a donné la conviction de la spontanéité et de la vérité des choses par lui constatées, en présence du président de la Commission syndicale. Ce fonctionnaire a établi que, vers la fin de la lon-

gue séance consacrée à l'enquête, un grand nombre d'habitants, non encore
entendus, se pressaient dans la salle d'audience et aux abords, pour répon-
dre à l'appel à eux fait; mais que l'insuffisance du temps l'obligeait à clore
le procès-verbal, en accordant à ces citoyens la faculté d'exercer leur droit
par voie de pétitions, collectives ou isolées, à joindre ultérieurement au
dossier.

Diverses pétitions ont été faites dans cette forme; elles contiennent près
de deux cents signatures.

De tous ces documents, il résulte qu'il y a *unanimité*, moins une seule
voix, pour repousser le projet d'annexion.

Cette disposition générale des esprits donne à la Commission le droit
d'espérer que l'autorité supérieure s'en préoccupera avec une sérieuse sol-
licitude. Et si, par ailleurs, et notamment dans la ville de Bordeaux, l'enquête a pu produire un résultat différent, il y aura lieu à peser mûrement
les raisons déduites de part et d'autre, plutôt qu'à les compter. La balance
du nombre serait un avantage trop facile à se procurer dans une ville po-
puleuse, animée de l'ambition de s'emparer d'une humble section de commune rurale.

Il convient donc d'apprécier les moyens contradictoires invoqués dans ce
grand débat.

Les pièces officielles émanées de M. le Préfet de la Gironde, c'est-à-dire
l'arrêté du 18 Avril 1853 et la lettre d'envoi aux maires des communes in-
téressées, ne sont nullement d'accord avec les prétentions de la ville de
Bordeaux, sur les véritables motifs et sur les conséquences de l'annexion
projetée.

M. le Préfet paraît vouloir l'annexion, pour rendre plus efficace *les
moyens d'administration;* tandis que la ville de Bordeaux ne prend pas la

peine de dissimuler qu'elle obtiendra l'annexion pour *étendre le périmètre de son octroi.*

Ce conflit apparent a fait naître une première réflexion : si l'autorité, à laquelle il est bien difficile de résister, a résolu cette réunion, à quelles conditions l'établira-t-elle ?

Pour résoudre cette grave question, pour aider même à en pressentir la solution, il n'y a rien d'utile à rencontrer dans les actes de la Préfecture. L'arrêté du 18 Avril, qui est le document important, est complètement muet sur ce sujet essentiel. La lettre aux Maires, du 20 Avril, contient, il est vrai, un paragraphe intéressant à ce sujet :

« Il est bien entendu qu'il s'agit seulement aujourd'hui d'agrandir le
« territoire de la commune de Bordeaux, et non pas d'étendre le périmè-
« tre de son octroi, qui ne saurait atteindre sa banlieue rurale. »

Ainsi, voilà certainement une parole à la loyauté de laquelle nous croyons. Mais elle n'affirme que le présent : *seulement aujourd'hui* il n'est pas question d'octroi. Et qui donc nous garantira l'avenir ?

Personne !

Au contraire, après l'annexion il n'y aura qu'un seul Conseil municipal pour Bordeaux ancien et pour la portion nouvellement annexée ; ce conseil sera-t-il augmenté, changé, modifié ; d'ailleurs, dans un vote général, la voix du quartier de la Bastide que serait-elle ?

Et alors, ce conseil étendra, sans opposition possible, le périmètre de son octroi à la section réunie !

Que l'on ne dise point qu'il n'en sera pas ainsi très-prochainement ; car, dans sa délibération du 23 Décembre dernier, la ville déclare nettement qu'elle veut l'annexion *pour augmenter ses ressources* ; qu'elle a droit à l'annexion parce que, selon elle, La Bastide participe à tous les avantages de la cité et n'en supporte aucune charge; et qu'elle la sollicite pour effacer *l'inégalité des charges* qui pèseront sur les deux localités tant qu'elles resteront séparées.

Il n'est donc plus permis d'en douter.

Alors les habitants de La Bastide ont conçu de trop légitimes appréhensions; et ils se sont demandé si la loi autorisait de pareilles entreprises à leur préjudice; ils ont recherché si l'on pouvait les priver forcément de leur individualité, en leur imposant cette réunion, sans discuter à l'avance et régler, comme préliminaires de cet important contrat, les conditions de l'annexion.

Et ils ont vu que l'article 2 de la loi du 17 Juillet 1837, qui régit spécialement la matière, porte formellement :

« Toutes les fois qu'il s'agira de distraire une section de commune pour « la réunir à une autre, le Préfet prescrira une enquête tant sur le projet « en lui-même que *sur ses conditions.*

Or, l'immense majorité des déclarants a directement proposé la *nullité* de l'enquête résultant de cette violation de la loi.

La Commission syndicale, vu le texte de la loi dans son article ci-dessus rapporté, vu les actes administratifs plus haut indiqués et analysés, attendu que l'enquête n'a pas été prescrite sur les conditions de l'annexion ;

Est d'avis, à l'unanimité, que *l'enquête est nulle.*

Au fond, la nature de la question en litige appelle quelques distinctions que l'on peut classer et examiner rapidement sous les quatre paragraphes suivants.

---

§ 1.er

MOTIFS DONNÉS PAR M. LE PRÉFET.

1.º Ce magistrat établit, dans sa circulaire, que c'est *surtout* sous le rapport des services qui se rattachent au maintien de l'ordre public, que les démarcations administratives actuelles présentent de notables inconvénients.

S'il appartenait à la Commission syndicale de discuter ce point, s'il y avait utilité à le faire, elle dirait : *pour le passé*, les moyens de police locale et générale ont toujours été suffisants ; nous avons traversé depuis quarante ans des temps fertiles en causes de trouble, de discorde, de malheurs publics ; et La Bastide, entre toutes les populations de la Gironde, a été remarquable par son respect de la propriété, par son amour d'ordre et de travail, par sa soumission au pouvoir ; qualités essentielles que ses habitants puisent dans la bonne-foi et la fermeté de leurs convictions religieuses ; La Bastide a su maintenir dans tous leurs devoirs, non-seulement sa jeunesse inoffensive, mais aussi et surtout ces enfants perdus de la civilisation, ces forçats libérés, que l'administration a toujours envoyés en grand nombre dans cette localité, sans craindre de ne pouvoir pas les surveiller ; et *pour l'avenir*, que de gages de sécurité encore : établissement d'un commissaire de police permanent, d'un commissaire de canton, d'un commissaire de département, et faculté illimitée donnée au Préfet d'employer tous les expédients utiles au maintien de l'ordre !

Oh ! l'autorité, personne n'en doute, ne sera jamais embarrassée par les *démarcations administratives actuelles*, quand elle voudra développer sur La Bastide une force de répression ou de prévention efficace.

Là donc n'est pas le mal ; cela est évident : — l'annexion n'est donc pas une mesure indispensable ; elle n'est pas nécessaire ; et disons-le, elle n'est pas même d'une utilité sensible.

— 6 —

2.° De ce motif supérieur d'intérêt public, Monsieur le Préfet passe à des conditions secondaires.

Ainsi ce magistrat signale la *confusion des territoires* de Bordeaux et des communes adjacentes, la proximité, l'irrégularité des lignes de démarcations, etc.

L'observation peut être vraie à l'égard de quelques localités, mais elle manque d'application au sujet de La Bastide.

Le fleuve qui sépare cette commune de la ville, empêche toute confusion possible, il n'y a point d'irrégularité qui rende la surveillance difficile ou impraticable. En supprimant au contraire cette large barrière, en agrandissant le territoire de Bordeaux, où donc posera-t-on des limites nouvelles qui, de ce côté, ne créent à l'instant même l'indécision, les difficultés, la promiscuité que l'on reproche à l'état actuel des choses, et qui ne sont que des nécessités de situation ?

Faudra-t-il enceindre la nouvelle portion de la ville, d'une large voie qui forme la démarcation entre La Bastide quartier de Bordeaux et La Bastide écourtée, gardant un reste d'individualité? A-t-on calculé les frais d'achat de cette ceinture? Ne voit-on pas que les moyens de surveillance seront tout aussi embarrassants pour la partie non conquise qui, à son tour, deviendra limitrophe?

L'intérêt de l'annexion n'est donc pas dans la facilité d'établir une nouvelle ligne de démarcation.

Serait-il comme on l'indique encore, dans la *diversité des juridictions* municipale et cantonnale, sous lesquelles se trouvent les deux parties du port?

Non, pas davantage. Car, au point de vue des difficultés commerciales, tout, pour les deux moitiés du fleuve, aboutit à un tribunal unique; le Tribunal de commerce séant à Bordeaux.

Insisterait-on enfin sur l'obstacle que cette division oppose aux nombreuses *améliorations et aux développements* que réclame la commune de Bordeaux?

Mais cela est par trop vague et manque de justification possible.

Ne confondons pas en effet la crainte exprimée par la ville de la *concurrence* dont elle affecte de se plaindre, avec les questions *d'amélioration* dont Monsieur le Préfet s'occupe ici dans un intérêt plus élevé..

À ce point de vue général, ne peut-on pas comprendre que toutes les améliorations, tous les développements, sont possibles malgré la division ?

Vous avez de vastes projets, vous ne les signalez pas expressément, mais nous pouvons les connaître...... ce sont des quais verticaux, des bassins, des docks, etc.

Eh bien! qu'est-ce donc qui, en maintenant la séparation des communes, s'opposerait à l'accomplissement de ces grands projets? La restriction ou l'extension des limites est-elle pour quelque chose dans ces entreprises?

Qu'est-il besoin de soumettre La Bastide à la domination de la ville et à la pression de son octroi, pour faciliter l'exécution de ces heureux développements?

Ne voit-on pas *au contraire*, que la séparation viendra seconder puissamment les efforts de l'administration et du commerce à ce sujet?

L'intérêt général du commerce ne doit-il pas être en effet envisagé à part de l'intérêt de Bordeaux ?

Or, si l'octroi de Bordeaux ne doit pas être porté à La Bastide, le commerce général sera libre. Il fera ces grandes choses tant annoncées.

Que si l'ordre est donné, de quelque part que ce soit, d'annexer La Bastide à Bordeaux, qui pourrait dire, qui pourrait penser, sans préoccupation que cette mesure ne fût essentiellement fatale à cet intérêt général que l'on veut cependant protéger ?

La navigation demande des franchises, le commerce fuit les entraves.

Étrange pensée, dès-lors, qui porte à supposer que notre port sera plus utilement fréquenté si les navires touchent par la proue et la poupe à l'octroi, sur les deux rives ; si, pour recevoir leurs chargements de marchandises, venant de l'*extérieur* de la commune, il faut les soumettre à un droit de *consommation*, alors que ces marchandises sont destinées à l'exportation ; ou s'il faut les soumettre tout au moins, à un *droit de visite* qui les retarde, qui les grève de frais d'ouverture et qui les déflore.

Établissez un *port franc* à La Bastide ; ou mieux, laissez lui sa liberté native, et vous ferez plus pour le commerce et la navigation, qu'en vous évertuant à créer des obstacles.

De cette vérité pratique, on trouverait une foule d'exemples et de preuves sans sortir de Bordeaux : — *Les papiers :* les négociants de Bordeaux, si le port d'embarquement pour eux, est dans l'enceinte de l'octroi, pourront-ils jamais soutenir la concurrence avec les maisons d'Angoulême qui ne sont pas grevées de ces droits ? *Les prunes :* la population bordelaise trouvait dans ce commerce, un emploi en toutes saisons, principalement en hiver ; les menuisiers, les cartonniers, les ferblantiers, les marchands de papiers, les portefaix, etc., y trouvaient un aliment considérable de travail... L'octroi a chassé de Bordeaux cette lucrative industrie ! Les brasseries de bière, que Bordeaux avait absolument expulsées, et que son nouveau tarif rappelle, ne peuvent pas, malgré ce retour tardif, exister en dedans des barrières ; parce que les bières de conserve, les petites bières, tous les déchets en un mot, ouvrent une si large voie à la perception des droits de fabrication et de consommation, les visites et exercices à ce sujet sont si onéreux, que les brasseries de l'intérieur seraient incessamment menacées d'une ruine inévitable, et obligées à une émigration indispensable. Les distilleries, brûleries, fonderies de suif, etc., en un mot, tous les établissements de première classe, et en grande partie ceux de la seconde, sont expulsés par les lois et règlements, et par les statuts locaux.....

Où donc pourrons-nous rencontrer un motif *d'intérêt général* qui milite en faveur du projet?

---

§ 2.

MOTIFS PRIS DE L'INTÉRÊT DE BORDEAUX.

Ah! c'est ici que l'on se rencontre sur le terrain vrai de la seule discussion possible!

Bordeaux veut l'annexion, *pour son profit personnel*, dût-il en résulter *dommage* pour La Bastide.

Bordeaux veut l'annexion, pour enlacer le nouveau territoire dans le réseau de son octroi, afin d'augmenter *ses ressources*.

Voilà la vérité palpitante et non déguisée.

Cet intérêt est-il légitime ?

Non !

Bordeaux a longuement et péniblement entassé des raisonnements pour prouver la justice de sa réclamation, dans sa délibération du 13 Décembre 1852.

Mais l'exagération de ses plaintes, l'inexactitude des faits sur lesquels on les appuie, ont été démontrées par le temps d'abord ; car elles se produisaient avec le même caractère, avec la même ardeur il y a plus de trente ans. Elles furent bien appréciées par le magistrat qui avait alors la direction des intérêts du département. On annonçait la crainte de voir la ville dé-

sertée pour cette nouvelle colonie, qui devait la ruiner en peu d'années.....
et les années se sont succédées, donnant le plus heureux démenti à ces
appréhensions.

Quels sont, en effet, les établissements commerciaux qui auraient quitté
Bordeaux pour se transplanter à La Bastide, et surtout à l'aval du pont?

On voit de ce côté, en Queyries, de rares chantiers de construction, qui
n'existaient point à Bordeaux avant la création du pont; deux brasseries,
que Bordeaux a expulsées; quelques entrepôts de marchandises du haut
pays, qui sont des existences nouvelles; des maisons privées, où se sont éta-
blis des ouvriers, des bourgeois, quelques aubergistes, des artisans; en un
mot rien, rien qui ait pu appauvrir la grande cité.

Ce sont des faits d'une vérification facile.

De nombreux détails ont été fournis à ce sujet par la commune de Cenon-la-Bastide dans sa délibération du 7 Février 1853, à laquelle la commission syndicale doit se référer, pour éviter des répétitions superflues, en
recommandant ce document important à toute l'attention de l'autorité supérieure.

On y verra la preuve certaine du défaut d'intérêt pour Bordeaux; la dé-
monstration va jusqu'à établir que l'intérêt bien entendu de la ville devrait
faire repousser le projet d'annexion.

Mais l'intérêt de Bordeaux est-il donc le seul qu'il faille considérer?

§ 3.

INTÉRÊT DE LA BASTIDE.

L'enquête donne sur ce point des renseignements qu'il est d'une haute
justice de consulter et d'apprécier avec calme, réflexion, impartialité.

Le commerce de La Bastide existait indépendamment de Bordeaux et sans le secours de cette opulente cité ; comme existaient, dans leurs conditions respectives, les communes de Caudéran, Mérignac, et autres environnantes.

Il vivait et grandissait à cause de sa proximité, mais non aux dépens de cette ville.

Le pont et, longtemps après, la gare, ne proviennent pas du fait de Bordeaux. Le pont a pu accroître la prospérité de La Bastide ; il est plus que douteux que la gare du chemin de fer ait été ou devienne un bienfait pour cette localité. Plusieurs prétendent qu'il en est tout autrement.

Des existences ont pris naissance à l'abri de cette situation naturelle. Des établissements de commerce ont fondé là leur siége, sur la foi des franchises résultant de la force des choses et d'un droit antérieur.

Pourquoi l'intérêt de Bordeaux aurait-il le privilège de ruiner ces existences, de détruire ces établissements qui ne lui ont rien demandé dans l'origine ni depuis ?

Les doléances particulières que cette question soulève, ont été consignées dans l'enquête ; nous y avons vu, et nous recommandons à l'étude et à la justice des juges supérieurs de ce combat inégal de la faiblesse contre une puissance envahissante, nous y avons vu toute l'énergie, dignement exprimée, d'une conviction loyale, toute l'autorité d'une vérité légale, toute l'importance d'un droit qui va périr victime de l'arbitraire d'une cité ambitieuse.

A ces causes de ruine, qu'on ne s'efforce pas même de discuter, qu'oppose-t-on ?

Dans l'enquête, *une seule voix* ; hors de l'enquête, la déclaration de la seconde section de la commune de Cenon-la-Bastide, et surtout le vœu émis par la ville de Bordeaux. Ces trois indications paraissent reposer sur cet axiome: que la prospérité particulière est une conséquence nécessaire du bien-être général.

Quelle erreur, quel abus, quelle confusion du vrai et du juste!!!

On prétend que la partie annexée verra diminuer ses charges et profitera des avantages de sa réunion; on va même jusqu'à faire des chiffres pour démontrer cette allégation.....

C'est une dérision.

Quant aux avantages, que veut-on dire?

Est-ce que La Bastide, par sa réunion, jouira plus qu'elle ne le fait maintenant des monuments publics de la grande ville, de ses illuminations somptueuses dans quelques-uns de ses quartiers? Non, certes.

On lui promet de s'occuper du pavage de ses rues, de leur éclairage? Mais la viabilité de La Bastide est en bon état pour les anciennes voies, et elle ne demande aucun secours pour ses nouvelles rues; et d'ailleurs n'aurait-elle pas le sort de certains faubourgs, qui sont comme abandonnés à ce sujet?

Laissons ces détails à l'écart, pour demander à tous les économistes, à tous les gens sensés, s'il y a profit pour une commune qui suffit à ses besoins, qui possède un fort capital en caisse, s'il y a utilité *pour elle* à verser ses fonds de réserve dans la caisse toujours béante et toujours vide d'un associé qui succombe sous sa dette et qui l'augmente chaque jour?

La Bastide a donc le droit de résister, car elle est riche, puisqu'elle se contente de peu et sait suffire à ses besoins; tandis que Bordeaux est pauvre, malgré ses immenses ressources, parce qu'elle a des appétits insatiables avec l'impuissance de les satisfaire.

Où donc est l'avantage de cette réunion contre nature?

§ 4.

QUESTIONS SUBSIDIAIRES.

Si l'annexion, nous devons le répéter ici, était résolue en haut lieu, par des motifs d'un intérêt général que nous ne saurions apercevoir, ne serait-il pas d'une justice nécessaire, d'accorder à la portion annexée des conditions d'existence indispensables?

Ne serait-il pas dû une indemnité à ces industries que l'on va contraindre à la fuite; à ces établissements que l'on va si grandement froisser, en supposant que quelques-uns survivent à l'annexion?

Comment devrait-on réglementer l'état-civil de ces nouveaux Bordelais?

Le gouvernement ou la ville, ne devrait-il pas, de toute nécessité, racheter le pont?

La ville ne devrait-elle pas être soumise à remplir tous ses devoirs dans un bref délai, pour tout ce qui concerne le pavage, l'éclairage, la distribution des eaux?

Ne faudrait-il pas *décréter* nettement et définitivement, que La Bastide ne serait pas soumise aux droits de patente, d'octroi, de charges municipales de toute espèce, au-delà des bases actuellement adoptées; au moins pendant une longue période d'années : quinze ans, par exemple?

La ville de Bordeaux, nouvelle mère de La Bastide, ne devrait-elle pas lui donner l'aliment indispensable à ses sentiments religieux? L'église actuelle, érigée spontanément par les soins exclusifs et volontaires de quelques fidèles, ne suffisant plus à ses besoins nouveaux.

Nous ne parlons pas enfin de l'établissement d'un cimetière; bien que plusieurs habitants aient exprimé leurs profonds regrets, d'avoir à se séparer des tristes restes de leurs parents qui ne sont plus!... Il faudrait cepen-

dant pourvoir à la création de voitures chargées désormais de les transpor-
ter à leur tour au travers de la grande ville, dans le lieu si éloigné où repo-
sent, sous le marbre orgueilleux, les dépouilles des citadins ; et il faudrait
aussi diminuer les frais d'inhumation, dans des proportions plus conformes
à notre humilité.

Et tant d'autres choses encore, dont le détail serait ici fastidieux.

Par toutes ces considérations, la Commission syndicale est d'avis, à l'unanimité :

1.° Que l'enquête est nulle ;

2.° Que l'annexion ne doit pas être ordonnée ;

3.° Et très-subsidiairement, qu'il y a lieu d'établir pour condition es-
sentielle à cette réunion, le rachat du pont, le paiement d'une indemnité
aux industries qui souffriront de cette annexion ; et le maintien, pendant
quinze ans des impôts sur les bases actuelles, avec exemption spéciale des
droits d'octroi et de toutes charges municipales pendant le même laps de
temps.

C'est justice.

Délibéré à Bordeaux, les jours, mois et an que dessus, en session de
la Commission syndicale, à laquelle ont été présents, MM. Bourdieu, Bourgès, Bras-Laffitte, Deloste, Ducheyron, Gaillard, Maffre, de Pineau et Serr ;
M. Letellier absent, quoique convoqué.

Ont Signé :

BRAS-LAFFITTE, président ; DUCHEYRON, JULES DE PINEAU,
SERR, BOURDIEU, DELOSTE, BOURGÈS, NATH. GAILLARD,
MAFFRE.